# 家装细部钻石法则

## Dining Room 餐厅

中国林业出版社
China Forestry Publishing House

## 目录

# 餐厅的美味心机

餐厅，是指一般住宅中就餐的空间。在"民以食为天"的中国人心中，餐厅的地位尤为重要。餐厅里好的布局和装饰，才能营造愉悦、轻松的用餐氛围，并且通过色彩和光线的变幻，使食物更加可口香甜。

1、位置要方便

对于餐厅，最重要是使用起来要方便。餐厅无论是放在何处，都要靠近厨房，这样便于上菜。同时在餐厅里，除了必备的餐桌和餐椅之外，还可以配上餐饮柜，能够放一些平时用得上的餐具、饮料酒水以及一些对于就餐有辅助作用的东西，这样使用起来更加的方便，同时餐柜也能充当餐厅的一个很好的装饰品。

2、空间要独立

餐厅的空间一定要是相对独立的一个部分，如果条件允许的话，最好是能单独开辟出一间餐厅来。有些户型较小的家庭，无法达到开辟一间独立的餐厅，出于实际的考虑，可以将餐厅与客厅连接，也可以将餐厅与厨房连接。这种情况下，我们可以用软装饰的方式来进行空间划分，这样既可以让空间显得大，也可以有一个相对独立的餐厅。

3、色彩要温馨

餐厅装修要注意色彩搭配，色彩要温馨一些，能够增进人的食欲。餐厅适合用明朗轻快的色调，橙色系列的颜色给人一种明亮的感觉，也能够促进人的食欲。除了墙面的颜色外，餐厅之中的窗帘、家具、桌布的色彩也要合理地搭配起来。灯光也是调节餐厅色彩的一个非常好的手段，还可以挂一些装饰画，也可以点缀一些植物，都可以起到"开胃"的效果。

4、光线要柔和

在餐厅区里，光线一定要充足。吃饭的时候光线明亮，才能营造出一种秀色可餐的感觉。餐厅里的光线除了充足以外，还要自然柔和，可以同时使用吊灯或者伸缩灯，能够方便地调整光线。

# *Dining Room* *Chinese*

## 中式风格

传统的中式风格以宫廷建筑为代表，贴近中国古典建筑的室内装饰艺术风格。装饰材料以木材为主，图案多龙、凤、龟、狮等，霸气外露。

但宫廷式的中式风格装修造价较高，而且对于现代生活来说，较为繁缛复杂，很多人只在家居中点缀使用。

在"民以食为天"的中国人心中，餐厅的设计尤为重要。如何打造古典优雅的中式餐厅，来看——

# 宁静的东方

步履匆匆的世界上，我们越来越把自己的家当做了宁静的世外桃源。因而在本案中，设计师定位于充满禅意的东方空间，用纯净的设计手法给住宅带来了宁静与雅致。

禅，带来清空安宁的心，设计师希望主人能在空间中感受到时间的沉淀。因此在用色上，选用白、灰白、暖灰、深咖啡等禅风色系，增加了空间的安宁感。

花朵的造型以现代的手法来表达东方美学，让空间也充满宜人的尺度和细节。

白色的靠背椅以黑线勾勒轮廓，造型删繁就简，免得扰人神思，

水墨画与烛台造型的吊灯都蕴含着中国古典韵味。

素白的瓷器以浅灰色的餐垫衬托，更显出清新脱俗之美。

经灯罩温柔过滤后的光线，为室内空间带来了流动的生命力。

**Dining Room**

餐厅与厨房融为一体，既节省空间，又方便使用，长长的餐桌十分适合亲友聚餐，一起品味幸福，享受快乐。

金属材质用在吊顶上是一种新颖的做法，金属独特的光泽感配合着柔和的灯光演绎出璀璨的视觉效果，仿佛银河般深邃迷人。

餐厅的采光十分重要，柔和明净的光线可以让美食显得更加漂亮。

为了避免房间单调，房间背景墙面运用了直线条与圆形的结合，突出了背景龙纹雕饰的磅礴霸气。

白色和黄色拼接的大理石地面和墙面，既在材质上协调统一，又在颜色、造型上富于变化。

墙上的一幅兰花挂画，为餐厅增添了文雅之气，也让墙面不再单调。

大理石与原木的混搭，让明亮清爽与深沉温润找到了联结点，中式的烛台，更展现了质朴的浪漫。

餐厅以黑、白两基础色相搭配，点缀粉色的百合花，于古典韵味中透出时尚气息。

*Dining Room*

方方正正的官帽椅让人在吃饭时也不忘正襟危坐，虔诚恭敬地感悟食物的美好。

素雅的餐厅设计更能突显食物的可口，从米色到咖色的深浅变化，让人感到静谧与安逸。

用紫檀家具来布置餐厅会略显沉闷，但是小绿植、陶瓷吊灯、格栅窗的运用巧妙地打破了这种沉闷，于大气中显出精巧与娟秀。

绿色的荷叶，粉嫩的荷花，一幅江南初夏的美景在墙面上尽情绽放，实在"秀色可餐"。

*Dining Room*

格栅的运用让空间通透空灵，原木材质也充满自然气息。

餐厅以金属、大理石、实木、烤漆等材质做搭配，时尚、个性，餐桌上以几束绿植做点缀，增添生机。

暖黄色的原木给人以温暖的感觉，改良过的圈椅在展现中国风的同时又透出禅意。

整个餐厅对称分布，符合中国传统的中正之美，深咖色的地毯典雅而低调，且不易显脏。

火红的盆栽巧妙地装点了风格简练的餐厅，宽大的落地窗透出室外的好风景，让人食欲大增。

透明的灯罩外形好似孔明灯，别致而简约，明亮的灯光点亮了深色调的餐桌，让食物更加可口。

好的设计总是着眼于细节，竹简造型的餐垫好看又实用，
中式风格不霸占整体而是以单品元素的方式出现。

新中式的风格展现出浓浓的海派风情，中西结合的家具
与装饰艺术让人联想到不夜城的摩登女郎。

*Dining Room*

餐桌与料理台相连接是当下的流行设计，搭配上拙朴的中式椅子，体现传统与现代的微妙融合。

座椅以皮革和木质两种材质搭配组成，既体现了中式风格的儒雅沉稳，也让黑色拥有了层次感。

柔和的灯光下，木质家具的纹理有一种波动的美感，让餐厅充满自然拙朴的韵味。

小巧的餐桌适合亲密的约会，椅子的设计舒适、精致，增添用餐时的愉悦气氛。

# Dining Room

当金属邂逅圈椅，一场艳遇就此展开。设计师运用解构主义重塑圈椅的造型，与吧台式的餐桌更相配。

以格栅做隔断，运用传统的借景的手法，把客厅的景观引入餐厅，使各个空间交流更加密切。

大幅的花朵挂画是点睛之笔，既有中国画的神韵风骨，又有西方画的抽象感。

餐厅的设计注重线条的运用，直线切割出多而不乱的层次，立体感十强。

高挑的吊顶让空间更加通透舒适，以一组吊灯作为光源，大气恢弘。

房间的吊顶选择了繁杂的民族花纹进行装点，搭配红木餐桌餐椅，渲染民族风韵。

在碎花壁纸上镂出祥云的图案，丝绒的椅子靠背上加入传
统的龙纹，中式元素含蓄地装点着餐厅。

圆形的餐桌，方正的餐椅，暗合"天圆地方"的哲学思想，
月牙造型烛台也与柔和的灯光相呼应。

Dining Room

一盏淡粉色的宫灯洒出柔美的光线，把传统造型的桌椅衬托得更加典雅。

天花板的凹槽内嵌入小灯，让光线更加充足、柔和，使空间错落有致。

原木质地的深色餐桌可以衬托出白色餐具的干净、纯粹，让食物色泽更加明艳，增进食欲。

黑色镜面吊顶为空间消减了压抑感，为中式餐厅融入时尚元素。

## Dining Room

一整面的落地窗把美好的春色引入室内，让餐厅也能够生机勃勃、绿意盎然。

中国红用在餐具上，在体现传统的吉祥寓意之外，与黑色相搭配更显低调。

以米黄色的木纹饰面板铺墙，方便清洁，也增添空间的温馨感。

墙上的镜面雕花挂饰，既能装点墙面，又在视觉上扩展了空间，使空间更通透。

把中式传统回纹运用到墙壁的装饰上，寓意生生不息，富贵不断头。

餐厅两侧开六边形洞门，把传统的园林设计引入室内设计之中，于现代家居中体现中国韵味。

把传统的格栅门用塑钢的材质加以处理，银白色靓丽时尚，使用起来也更方便打理。

六角形的椅背新颖别致，也形似中国传统的菱格纹，黑白经典的搭配，让餐椅在人眼前一亮。

*Dining Room*

吊顶以直线条构建层次，并以灯光映衬，打造出金碧辉煌、流光溢彩的感觉。

传统纹饰的桌旗主要起到装饰效果，为餐厅提升品质感。

橘红色的餐桌餐椅点缀绿色植物，好不热闹，体现出中国传统的审美观。

灯泡的造型好像蜡烛，静静点燃一室的禅意，一侧的书柜更给餐厅增加了文人气息。

**Dining Room**

以东方文化背景为出发点，通过不同程度和力度地使用东方元素，而达到颠覆大家对中式风格原有的看法。

浅灰色的桌椅让人感到安宁、舒展，一盏晶莹剔透的吊灯则带来了空灵之美。

餐桌展现了木材的原始纹理，生动而美丽，配合仿岩石纹理的墙面，绽放拙朴之美。

绿色的墙壁让人感到生机和放松，搭配原木桌椅和地板，尽显清新、自然的气息。

米白、浅灰、深咖等充满禅意的配色，增加了空间的安宁感。

墙壁以原木材质整铺，侧悬一幅窄长的墨宝，让古朴文雅的风韵在空间内流动。

*Dining Room* **European**

# 欧式风格

欧式风格，是一种来自于欧罗巴洲的风格。主要有法式风格、意大利风格、西班牙风格、英式风格、地中海风格、北欧风格等几大流派，是欧洲各国文化传统所表达的强烈的文化内涵。

欧式风格强调以华丽的装饰、浓烈的色彩、精美的造型达到雍容华贵的装饰效果，同时，通过精益求精的细节处理，带给家人不尽的舒适。

如何在浪漫奢华的欧式居室里融入时尚元素，打造经典的欧式餐厅，来看——

# 欧式华府

强调线形流动的变化，将室内雕刻工艺集中在装饰和陈设艺术上，色彩华丽且用暖色调加以协调，变形的直线与曲线相互作用，以及家具与装饰工艺手段的运用，构成室内华美厚重的气氛。

将怀古的浪漫情怀与现代人对生活的需求相结合，兼容华贵典雅与时尚现代，反映出后工业时代个性化的美学观点和文化品位。

曲线玲珑的玻璃杯、白底金边的瓷碟和瓷碗、丝质的餐垫，每个细节无不展现着欧式风情的奢华富丽。

璀璨的水晶灯在昏黄的灯光折射下显得金碧辉煌。

餐桌、餐椅的边框、腿足精雕细琢，繁复而精美。

复古的烛台拥有婉转的曲线、高贵的质感，增添空间的古典气息。

立柱的运用恢弘大气，橘红色的大理石将材质的冰冷感和颜色的温暖感完美结合。

# Dining Room

欧式风格的靠背椅搭配尊贵奢华的水晶吊灯，纷繁琐细中尽显欧式宫廷风采。

欧式餐厅装饰华丽，美好的夜晚点上蜡烛，与心爱的人吃一顿烛光晚餐是一种非凡享受。

软包的皮革椅子会给主人舒适的体验，当有污迹的时候也可以用湿抹布来清理，十分方便。

圆形吊顶可以衬托出吊灯的效果，还可以搭配环形灯带补充光线。

圆形的吊顶以金色雕花边框装饰，显得气质不凡，展现欧式奢华。

房间的色彩搭配比较典雅，搭配一束美丽的鲜花，十分精美，艺术气息浓厚。

米黄色的暗花壁纸以白色石膏线装饰，显得清新可人，与
餐桌上的花朵相互呼应，充满初春的娇嫩感。

在古典的元素上进行提炼升华，并加入了时尚元素，营
造出既带有浓郁欧陆风情又不落俗套的欧式情调。

*Dining Room*

球形的小绿植可爱精致，也与红色的地板形成撞色，鲜艳亮丽。

在餐厅安放电视是现代人的舒适之选，可以让快节奏生活放慢脚步。

水晶吊灯拥有奢华的美感，造型精致时尚，具有很高的审美价值。

天花板照明设计以夹纱玻璃材质规划，渗漏出柔和的灯光，让餐具也显得晶莹剔透、楚楚动人。

# Dining Room

铜质的复古壁灯营造出古堡般的神秘和典雅，配合着大理石地面和拱形洞门，古典而华贵。

弧形的靠背椅既时尚又舒适，白色的材质搭配黑色的装饰线条和腿足，十分经典。

蕾丝、绸缎、水晶、金属、原木，各种材质的融汇，演绎出浪漫的法式优雅。

银色与白色的相互衬托，儒雅富丽，带有浓烈的古典法式色彩。

整体色调以黑白为主，配以深蓝色，局部点缀金属材质，前卫、个性。

波浪花纹的地砖荡起动感和活力，也让整个餐厅变得层次丰富。

紫红色的桌旗上摆放同色系的花球，相得益彰，也在较为
素雅的空间背景中突显出来。

餐桌上的小木桶和紫色烛台是极具欧式风情的饰品，给
用餐时光增添了浪漫的气氛。

*Dining Room*

拱门的设计颇有欧洲中世纪的古堡风格，上升的楼梯也让人的视线得到延伸。

透明的屏风，让餐厅与客厅彼此关照，上面镶嵌的金属雕花也与金色吊灯相呼应，把整个餐厅映衬得金碧辉煌。

采用大宅的中轴线对称设计手法，让餐厅体现出一种完满的、平衡的美感。

椅子的设计灵感来源于建筑，靠背两侧立柱的造型挺拔而硬朗，与柔软的碎花桌布相互调和。

## Dining Room

餐桌、椅子的样式典雅、端庄、稳重，于低调中透露出不事张扬的考究。

宽大的窗帘柔软顺滑，弱化了墙面的硬朗线条，增加了柔美浪漫的气息。

灰色的大理石餐桌以金色边线装饰，搭配古铜色的皮质餐椅，贵气奢华又不失时尚度。

蓝白相间的竖条纹壁纸让整个餐厅灵动起来，在壁灯灯光的衬托下更显亮丽。

墙壁上青翠欲滴的风景画为主人带来了愉悦的视觉体验，让人整个身心都轻盈起来。

椅背长而窄，装饰金属镶边，显得精致华贵，交叉的后腿流露出一种妩媚的风情。

以镜面做为整面墙面的装饰，让空间显得宽阔敞亮，镶嵌
木边框，把镜面装饰得好像几幅巨大的油画，气势恢宏。

反光材质的运用让餐厅呈现出一种富丽堂皇、干净明
亮的观感，也便于清洁打理。

*Dining Room*

颜色渐变的高脚杯造型优雅，装点了简洁的餐桌，渲染了浪漫的用餐气氛。

小巧的餐桌拉近人与人的距离，宽大的座椅柔软舒适，小与大在对比中形成统一。

皮质靠背椅的椅背呈现柔和流畅的曲线，符合人体工学，坐起来更加舒适。

黑与白的配色，和经典时尚的造型，打造轻便、舒适的简欧风。

# Dining Room

碎花壁纸不仅能展现甜美，大面积的花纹也能展现恢弘富丽的气势，搭配黑底金花的圆形地毯，打造华丽的视觉享受。

镂空的屏风让人从客厅看向餐厅时，有一种"犹抱琵琶半遮面"的朦胧美，也加强了餐厅与客厅的联系。

把餐桌设计成小吧台的形式，搭配高脚椅和幽暗的烛光，展现欧式浪漫。

长长的水晶吊灯"疑似银河下九天"，沟通了天花板与餐桌之间的联系，让餐厅更具整体性。

餐厅中的家具整体色调为黑灰色，局部以金色腿足、边框点缀，低调而奢华。

圆形的吊顶与圆形的餐桌相互呼应，让空间显得更加灵动。

# Dining Room Mix & Match

## 混搭风格

　　凸显自我、张扬个性的时尚混搭风格已经成为现代人在家居设计中的首选。无常规的空间解构，大胆鲜明、对比强烈的色彩布置，以及刚柔并济的选材搭配，无不让人在冷峻中寻求到一种超现实的平衡，而这种平衡无疑也是对审美单一、居住理念单一、生活方式单一的最有力的抨击。

　　如何打造个性与实用、时尚与温馨兼具的混搭风格餐厅——

# 文化的融合

在多元文化的影响下，设计师将古典融入现代，将东方融入西方，餐厅的配色于由浅到深的灰色中点缀黄、绿、红等明艳的颜色，交织出空间的层次和趣味。

简洁的造型加上现代的材质和工艺，欧式的装饰搭配东方韵味的瓷器，宣泄出奢华的时尚感。

餐垫上绘有祥云的图案，给西式的刀、叉、高脚杯等餐具融入东方神韵，体现混搭的魅力。

银灰色的靠背椅经典时尚，弯曲的腿足体现古典气息。

红色的壁灯造型优美，带有浓郁的东南亚风情。

展示柜上陈列着中式瓷器，柜内的带状光源与璀璨的水晶灯交相辉映。

鲜艳的花朵装点素雅的餐桌，带来一室的生机与活力。

# Dining Room

天花采用圆形设计，加上家具的陈设，营造轻松的用餐气氛，并传达出团圆、圆满之意。

复古优雅的桌椅、矮柜，搭配明亮华贵的背景墙和灯具，
让餐厅在古典与现代，沉稳与轻盈中找到平衡点。

古典精美的实木橱柜高贵优雅，搭配玻璃质地的桌面和造型时尚的椅子，体现古典与现代之交融。

古朴的中式桌椅搭配田园风情的地砖、原木横梁、内嵌拱顶展示柜，别有一番风情。

侧墙面安装大幅镜子，让餐桌得到了延伸，使得黑色的家具不再沉闷，更显示出低调的质感。

中式风格的屏风、展示柜搭配欧式的水晶灯、餐具，展现东情西韵的文化融合。

餐椅和桌旗上的图案一脉相承，黑白相称，优雅而经典，
一侧的沙发柔软舒适，让人能在用餐时很好地放松。

丝绒质地的座椅搭配实木餐桌，演绎出刚柔并济的美感。

*Dining Room*

银色的调料瓶造型精致，变身为餐桌上的装饰品，小巧的盆栽为用餐时的气氛增色不少。

原木桌椅拙朴素雅，搭配一幅主体为红色的油画，热烈而明艳。

方形的大理石地砖华丽而时尚，加之绸缎的靠背椅和水晶吊灯，材质的混搭创造出经典之作。

以落地灯"冒充"吊灯，是个绝妙的创意，这样既可以保证光线充足，又可以随时调整光源位置。

## Dining Room

墙面、地面和吊顶都以大理石材质装饰，显得华贵
优雅、气势恢宏。

钢化玻璃质地的桌面容易清洁打理，也显得简约时尚、明
亮干净。

精美的水晶灯搭配金属质地的餐桌椅，打造时尚与优雅的唯美结合。

浅灰色的地板让餐厅显得更加干净明亮，灯光打在上面更是反射出别样的光泽感。

银灰色的丝质靠背椅与金属的腿足都是极具光泽感的材质，在水晶吊灯的映衬下显得华丽时尚。

房间运用黑白配色，视觉感舒适，小型吧台餐桌也体现了户主十足的个性。

蓝色的窗帘明艳亮丽，又带有复古的韵味，与吊灯下垂坠
的穗子相互映衬。

把餐桌设在临窗处，利用飘窗改造的小榻作为一侧
的座位，既能够得到很好的采光，又显得温馨自在。

*Dining Room*

利用色彩丰富的仿古地砖与古朴的原木结合，营造出古朴独特的艺术氛围。

餐厅的设计非常清新，碎花的窗帘搭配餐桌上的小蜡烛，增添了房间的情调。

紫色的地毯与黄色的斗柜形成撞色，瑰丽明艳，配合着复古的硬装，韵味十足。

房间的装饰简单通透，多处运用大理石材质铺设，干净简洁。

## Dining Room

一整面墙的水墨壁画，清淡的墨绿与水粉构成曼妙的色彩搭配，展现中国风韵。

把餐厅打造成光洁的流理台，简洁时尚，透明材质的座椅和墙上的挂画，都让这个空间显得个性十足。

用炽烈的红色来布置餐厅，让人联想到食物的酸甜麻辣、鲜香酥软，味道与口感和视觉一样，具有冲击力。

用红色的玻璃杯和餐垫点缀餐桌，红色有刺激食欲的作用。

餐厅与半开放式厨房相结合，增大了空间感，让小户型看起来宽敞舒适。

融合东方元素，运用西方的方式和当代的表现手法来诠释混搭风格。

古铜色皮质的靠背椅贵气十足，于角落处点缀绿植，融入
清新的气息。

餐厅装饰简单，线条明朗，两盆球形盆栽增加了生
机与活力。

*Dining Room*

打造低调不言而喻的奢华，重新演绎优越、舒适及安逸的生活。

每一根线条，每一个空间，都经过精心设计和安排，似乎每一个元素都是为这个空间而生。

墨绿色的窗帘与栗色的家具相搭配，营造出古典的韵味。

华丽的欧式高靠背椅充满精美的欧式宫廷韵味，背景墙面利用书架作为隔断，新颖独特。

*Dining Room* **P**astoralism

# 田园风格

　　自然田园风格的用料崇尚自然，在装饰上多以碎花、花卉图案为基础，给人浓郁的、扑面而来的温馨感觉，色调多是黄、粉、白等暖调。在织物质地的选择上多采用棉、麻等天然制品，其质感正好与自然田园风格不事雕琢的追求相契合。

　　田园风格的清新、自然、温暖、明丽是人们青睐它的原因，如何在田园风情的餐厅里融入个性、创造时尚，来看——

# 花好月圆曲

以欧式乡村风格为基调，取花好月圆曲作为空间意向，旨在营造出空间的闲适、惬意，突出乡村环境的恬淡与美好。
以一种充满四季轮回的色彩表情，表述人与自然结合的关系，一份迷恋，一份关怀，让岁月在自然中温馨妩媚地流淌着光辉。
乡村田园式的居住环境让人们充满了罗曼蒂克向往的生活。

欧式田园风格的餐具,纯白朴素,盛酒杯以绿色玻璃为底浮雕瑰丽的花朵图案,充满春天般的诗意。

白色的麻质桌布、绿色的棉布椅套,从材质和色彩上展现田园风情的自然淳朴。

吊灯小巧而别致,米黄色的灯光温馨柔和。

墙角的绿植与浅绿色的墙纸相互映衬,增添空间的自然气息。

餐厅与客厅之间以一个长桌做区间分割,加强各空间的交流。

# Dining Room

原木材质最能体现田园风情，配合着米黄色的壁纸，打造森林小屋一般的餐厅。

铁艺吊灯婉转柔美，与椅背上的镂空雕刻相互呼应，营造浪漫的用餐氛围。

曼妙的色彩搭配，自然材料的运用，打造浪漫优雅的法式田园风情。

椅子上的碎花淡雅清新，仿佛开在山野间，带来和煦的微风。

在窗前设置一个飘窗，放上靠垫，让用餐环境更加舒适温馨。

屏风上的图案好像小朋友的涂鸦，天真可爱，并以绿色边框装饰，增加田园风情。

落地窗以白色的纱幔装饰，隐隐约约透出绿色的春意，增加了室内与自然的沟通。

动物图案和造型的运用仿佛让餐厅变身原始森林，可以看见歌唱的鸟儿和奔跑的小鹿。

*Dining Room*

粉色的墙壁仿佛散发着草莓奶昔的香甜味道，搭配几幅可爱的挂画，充满田园气息。

深咖色的横梁与桌椅遥相呼应，再配以昏黄的灯光，让人感到温暖而舒适。

碎花薄纱透出柔和的阳光，让室内撒上一层金粉，温暖而明媚。

繁复的碎花展现出贵族气质，打造一个庄园主人的复古餐厅。

# Dining Room

碎花作为一种装饰语汇，贯穿整个空间，把餐厅装点得甜美怡人。

镜子上的鹿头装饰、壁炉里整齐堆放的木头都给优雅的餐厅增加了田园风情。

乳白色大理石的地面以环形图案装饰，让空间区分更加分明。

弧形的落地窗拥有更加开阔的风景，搭配白色的大理石地面，使空间明亮干净。

深绿色的地砖以浅咖色的边线装饰，充满田园风情，与墙上的小砖形成对比，错落有致。

深浅不一的蓝色相互映衬，营造出纯净、清新的海洋气息。

高饱和度色彩的碰撞，灯光的巧妙运用，让餐厅既清新自然又神秘浪漫。

自然朴素的色彩，让人联想到土地肥沃的乡间景象，感到轻松自在。

*Dining Room*

绿色的椅子搭配砖红色的地砖，不显俗气，反倒格外的优雅清新。

以简洁的造型，黑与红的时尚配色，诠释别样的田园风情。

精致的家具含蓄温婉，内敛而不张扬，散发着从容淡雅的生活气息。

轻盈曼妙的色彩搭配，精致繁复的碎花组合，打造出优雅的充满田园气息的餐厅。

# Dining Room

青花瓷的点缀于法式优雅中，传递出东方的、含蓄内敛的动人气质。

香槟色的暗花壁纸在曼妙的灯光下显得美轮美奂，增添了用餐时的愉悦气氛。

随意铺放的桌巾营造出轻松闲适的氛围，适合喝上一杯香甜可口的下午茶。

浪漫的花烛搭配绿色植物的点缀，让用餐成为一件赏心悦目的事情。

麻布的椅背以黑色的实木边框勾勒线条，体现出田园风情的自然淳朴之美。

圆形的餐桌拉近人与人之间的距离，宽大的座椅舒适温馨，充满家的气息。

墙面以淡黄色的木板拼贴，竖线条让空间看起来更加高挑，
也丰富了层次感。

一扇拱形的小窗以卷曲的弧线装饰，把田园风格的复古
优雅表现得淋漓尽致。

*Dining Room*

明黄色的墙壁让人仿佛沐浴在欧洲小镇的明媚阳光里，温暖而闲适。

裸露的红砖充满原始的自然气息，与木质长椅共同营造质朴的田园气息。

餐桌做成窄窄的吧台，既节省空间，又时尚个性。

蓝色与黄色的搭配，展现经典的地中海风格，自然、纯粹、浪漫。

# Dining Room

一整面墙的粉红色碎花，带来春天的甜美气息，让人心情愉悦。

餐厅与客厅中间透出拱形的洞门和窗户，展现浓郁的地中海风情。

叶片造型的吊灯十分精巧，叶脉的纹理清晰可辨，透出自然的气质。

宽大的落地窗让人的视野无限延伸，并把美丽的自然风光收入室内。

在墙上开一扇小窗，里面绘上海边的美丽景色，让人畅想美好生活。

浅咖色的地砖仿佛一杯香浓柔和的卡普奇诺在室内流动。

# Dining Room Modern
## 现代简约

　　简约风格的特色是将设计元素、色彩、照明、原材料简化到最少的程度，但对色彩、材料的质感要求很高。因此，简约的空间设计通常非常含蓄，往往能达到以少胜多、以简胜繁的效果。"艺术创作宜简不宜繁，宜藏不宜露"这些也都是对简洁最精辟的阐述。

　　在餐厅的设计上，如何做到简约而不简单，来看——

# 时尚 "Jeep" 风

在这个 70 平米的公寓里，设计师不仅为我们展示了独具特色的 "JEEP" 风格，更为我们展示出一位时尚男主人的独特个性和品味。

勇敢洒脱的人会选择自己热爱的生活方式，活出属于自己的风格。习惯了城市里循规蹈矩、按部就班的生活，何不偶尔放纵一下，给自己一个自由随性的机会。

玻璃材质的桌面简约时尚，也易于打理，桌面下的金属框架结构展现了刚毅的男性气质，立体感十足。

高脚凳富有个性，也节约空间，深棕色与背景颜色十分统一。

大面积的毛石墙面体现出一种原始的粗犷质感，搭配黑色画框，别有艺术气质。

吊灯小巧简约，三盏灯长短不一，营造出错落有致的层次感。

天花板采用白色的烤漆材质，有很好的反光效果，让深色调的家具和墙面不会太沉闷。

*Dining Room*

在餐桌下面铺设柔软的地毯，让我们在品尝美食的同时，拥有更加舒适的享受。

椅子以不规则的几何面拼凑出个性十足的造型，内嵌式的电视十分节约空间。

餐厅以白色为主色调，利用层次的变化和个性的造型，丰富空间的表现方式。

黑与白的经典配色打造小巧时尚的餐厅，加入银色的饰品点缀，不落俗套。

餐厅的设计十分潇洒随性，一把金属编织的椅子点缀其中，增添了个性。

餐厅多处运用反光材质，营造一种明亮绚丽的视觉效果。

椅子流畅的线条不需要传统的椅腿支撑，弧度和比例符合
人体工学，坐起来十分舒适。

餐厅以黑白色为主体色调，点缀绿色餐垫和黄色花
朵，为我们增添春天的气息。

*Dining Room*

餐桌以银色雕花边框装饰，于细节处绽放魅力。

餐厅与厨房之间用玻璃墙区隔，使空间联系紧密，看起来通透明亮。

餐厅运用极简主义进行装饰，原木风格的餐桌和白色的靠背椅显示出纯净的气质。

以小型吧台作为餐桌，同时还能够起到作为厨房和其他空间的隔断作用，一举两得。

# Dining Room

桌旗在现代餐厅的装饰中起到了关重要的作用，简洁的桌旗，可以增添房间的韵味。

餐厅背景墙的设计十分艺术，以大小不一的深灰色墙砖拼接出凹凸有致的层次感。

长长的餐桌可以接待许多客人，在周末可供与家人进行小的家庭聚会。

一束清新的鲜花可以增加用餐的浪漫气氛，让心情变得愉悦。

球型的吊灯可以柔化空间生硬的直线条，也使光线更加均匀柔和。

餐厅与厨房以一扇复古的窗户进行联系，增加了空间的通透感。

U 型的用餐空间好像宇宙飞船的船舱，充满未来感。

餐厅墙壁悬挂了一幅非常现代的抽象画，增加了空间的艺术气质。

Dining Room

复古的实木门和台灯，为简约的空间带来别样的韵味。

餐厅运用金属和反光材质装饰，打造一种时尚的未来感。

线条简单的桌椅仿佛是小孩子的折纸作品，简约时尚、拙朴可爱。

吊顶通过环形石膏线装饰，重复的环形有放大空间的效果。

## Dining Room

餐桌通过落地窗与外面的风景相连接，可以在用餐时享受阳光，欣赏风景。

墙面规律性的分割与深色的木材拼接，不仅将空间区域性以软性手法加以分界，更加以铺陈空间的张力。

餐厅内搭配一幅风景油画，充满了艺术气息，让视线得到延伸。

花朵造型的吊灯让简约的餐厅不再单调，充满了艺术的灵性。

餐厅运用柔和的配色和曼妙的灯光，打造一个轻松舒适的用餐环境。

以沙发搭配餐桌，让主人在享受美食的时候，更加轻松、舒适。

几盏银色和玫瑰金色的吊灯，不仅起到照明作用，还有很好的装饰作用。

以吧台代替传统餐桌，不仅可以节约空间，更符合现代人的生活节奏。

Dining Room

一盆美丽的绿植使餐厅在简约的设计中体现出清新的气息，让用餐更为享受。

水晶吊灯上长长的流苏把餐厅烘托得璀璨晶莹，也弥补了吊顶过于空旷的缺点。

吊顶选择了镜面材质，使视觉上感觉空间更高挑，充满时尚的气质。

从吊顶到墙壁延伸的 LED 灯槽，让整个空间可以达到均匀的照明。

*Dining Room*

较大的餐桌可以使用转盘设计，方便用餐，也增加灵动感。

靠背椅的扶手处加入婉转的曲线设计，增加餐厅柔美、浪漫的用餐气息。

透明材质的靠背椅增加餐厅的空灵感，夏日里使用起来也十分清爽。

橘黄色的桌旗铺放在深咖色的实木餐桌上，产生跳跃感，十分亮眼。

方形的餐桌搭配方形的吊灯，可以在形状上形成呼应，构成协调的美感。

一盏造型优美的吊灯成为餐厅的亮点，灯罩上的书法字带有浓郁的中国风。

以文化砖铺墙，呈现一种自然拙朴的质感，也更能衬托墙上和墙前面的装饰物。